少年探险家

Il segreto della balena

鲸的秘密

[意] 萨拉·拉塔罗 著
张密 马语浛 译

青岛出版集团 | 青岛出版社

山东省版权局著作权合同登记号　图字：15-2024-27 号

图书在版编目（CIP）数据

鲸的秘密 /(意) 萨拉·拉塔罗著 ; 张密 , 马语洽译 . — 青岛 : 青岛出版社 , 2024.6
ISBN 978-7-5736-2234-1

Ⅰ. ①鲸…　Ⅱ. ①萨… ②张… ③马…　Ⅲ. ①鲸—儿童读物
Ⅳ. ① Q959.841-49

中国国家版本馆 CIP 数据核字 (2024) 第 080033 号

JING DE MIMI

书　　名	鲸的秘密
丛 书 名	少年探险家
作　　者	[意] 萨拉·拉塔罗
译　　者	张　密　马语洽
出版发行	青岛出版社
社　　址	青岛市崂山区海尔路 182 号（266061）
本社网址	http://www.qdpub.com
策　　划	连建军　魏晓曦
责任编辑	吕　洁　江　冲　王　琰
文字编辑	窦　畅　邓　荃
美术编辑	孙　琦　孙恩加
照　　排	青岛新华出版照排有限公司
印　　刷	青岛海蓝印刷有限责任公司
出版日期	2024 年 6 月第 1 版　2024 年 6 月第 1 次印刷
开　　本	16 开（710mm × 1000mm）
印　　张	6
字　　数	60 千
书　　号	ISVN 978-7-5736-2234-1
定　　价	28.00 元

编校印装质量、盗版监督服务电话　4006532017　0532-68068050

目录

紧急电话

萨穆埃莱八岁了。他和妈妈萨拉一起生活，因为他的父母在他小的时候就分开了。他的爸爸是个英国人，但是为了与萨穆埃莱离得近一点，留在了意大利生活。萨拉是一位动物行为学家，经常去世界各地考察，换句话说，作为一名研究动物行为的学者，当一头大象、一群狼或一群企鹅发生奇怪的事情时，她必须去了解发生了什么。而萨穆埃莱几乎每次都坚持要妈妈带他一起去。

萨拉有一个习惯，就是在给萨穆埃莱讲有关动物的故事时，她从来不讲“狼很凶恶”“狐狸很狡猾”“驴很笨”之类的话，因为这些说法根本就不真实。

例如，狼一般不会主动攻击人类。事实上，它们几乎不会靠近人类的居住地。狐狸虽然表面上是有智慧的动物，但事实上它们非常胆小，并不擅长捕食、群居。至于驴子，大多数人觉得它们很蠢，但它们只是非常独立而已，因此才总是不按照人类的要求去做。

总之，与萨拉这样的妈妈生活在一起，让萨穆埃莱怀疑在童话故事中读到的一切：河马是否温和，鳄鱼是否爱哭……但最重要的是，与萨拉在一起让他有机会周游世界，发现世界上各种各样美丽、独特的动物。不过，很多时候，这也会让他陷入困境……

深夜，电话铃声突然响起。萨穆埃莱睁开眼睛，看着昏暗中的天花板，花了一点时间才明白发生了什么。他脚步很轻地走向客厅，他的妈妈在那儿，手里拿着手机。

“在海滩上？”萨拉大声问道。

萨穆埃莱慢慢走近，萨拉的语气让他很担心。

“到底有多少？”萨拉继续询问对方。

窗外还是漆黑一片，萨拉说话的声音打破了深夜的寂静。

萨拉挂断了电话，这才注意到儿子萨穆埃莱正穿着睡衣站在那里，睁大眼睛看着她。

“宝贝，去睡觉吧。”

“发生什么事了？”

“世界的另一边有大麻烦了……”

萨穆埃莱立即想到，肯定有动物牵涉其中，否则妈妈不会这样。事实上，身为一位世界著名的动物行为学家，意味着她常会在半夜接到电话，并且在几小时内就要出发前往遥远的地方。“大麻烦”这个词意味着某种动物正处于危险之中。

“在哪里？”在她陪萨穆埃莱回卧室的时候，孩子问道。

“在新西兰……”萨拉一边回答，一边把枕头放好。

“新西兰在哪里？”

“在南半球，在世界的‘尽头’！”萨拉挤出一个微笑，试图掩饰她心中的担忧。然后，她长长地叹了口气，开始解释。她知道萨穆埃莱的脾气，简短的回答不足以让孩子安心地回去睡觉。

“它是一个位于南太平洋的国家，主要由两个大岛屿组成，靠近澳大利亚。”

“澳大利亚有袋鼠，你之前经常给我讲！”

“是的，澳大利亚确实是一个特别神奇的国家，可以说是动物的天堂。在那里，你可以看到许多独特的动物物种，比如考拉、袋獾或者袋鼠……但是，这次有麻烦的动物是鲸。”

“鲸？你从来没给我讲过鲸的故事。”

萨拉坐在床上。

“它们是神奇的动物，喜欢温暖的水域，因此它们经常跟随着让它们觉得舒适的洋流移动。”

“然后呢？”

“我想想……它们睡得很少，因为它们不能在水下长时间停留，它们需要回到海面呼吸，而且它们游得非常快。”

“比汽车跑得还快吗？”

“不一定，但是它们可以跟我的旧摩托车比试比试。”萨拉开玩笑说，“现在，快睡觉吧……你可不是鲸！”萨拉亲了一下他的额头。

“妈妈……”在她离开房间之前，萨穆埃莱再次叫住了她。

“说吧。”

“新西兰的鲸怎么了？”

“有一大群鲸搁浅在了海滩上，它们没办法自己回到海里去了。”

“它们死了吗？”

萨拉低下头，靠在门框上。

“有多少头鲸？”

“很多，宝贝！这就是奇怪的地方。有时，鲸会搁浅在海滩上，但通常只是个别鲸……”

“这是不是意味着你现在必须去那里？”

“是的，萨穆埃莱。它们需要我。”

“我能去吗？”他问妈妈。

“你得去上学，你不能缺太多课。”

“但是马上就要到假期了！”

“我们明天再说，现在，睡觉。”

萨穆埃莱在被子下翻了个身，闭上了眼睛，期待着明早妈妈能给他带来关于这次新旅程的好消息。

跨越重洋

结果正是如此。

萨穆埃莱设法得到了妈妈的同意，可以一起同行。两天后，他们出发前往新西兰首都惠灵顿。在假期之前，萨穆埃莱只会缺课三天，但是如果任务持续更久的话，妈妈会委托朋友把萨穆埃莱带到他爸爸家去。

作为交换条件，萨穆埃莱向妈妈保证，他会认真学习，并且完成老师布置的所有作业。

这次旅途真的是又漫长又令人疲惫。不过萨穆埃莱有办法打发时间：他看了三部动画片，还与另一个小男孩打牌。他们中途在中国香港转机，然后飞往新西兰首都惠灵顿。从空中俯瞰，惠灵顿是一座现代化的城市，但好像是建在一个巨大的花园里，到处都是绿色的。随着飞机越来越靠近地面，景色逐渐从模糊变得清晰。出了机场，萨拉约了一辆出租车，把他们带到了一家小旅馆，这才终于可以休息一下。

第二天早上，萨拉的老朋友马尔科出现在旅馆接待处，他已经在新西兰生活了很多年。

他很和蔼，并且似乎很了解萨穆埃莱。

“我和马尔科经常通信……”萨拉在介绍完以后，对萨穆埃莱说。

“啊，就是那个马尔科！”萨穆埃莱惊讶道，“那个照顾海洋动物的人！”

他已经听妈妈说过马尔科很多次了。事实上，如果萨拉要救助鲸，没有人比这个热衷于保护海洋动物的老朋友更能帮上忙了。

在萨穆埃莱还很小的时候，萨拉为了哄他入睡，就总是给他讲她和世界各地的同事们经历过的真实冒险故事，马尔科就是其中一员。她和马尔科是在一次培训中认识的，他们共同学习有关鲸等动物复杂的社会生活知识。这些动物不同于鱼类，虽然完全适应海洋生活，却是真正的哺乳动物。它们能够合作，形成集群，一起玩耍，并向幼鲸传授捕食和生存的方法。它们还会使用语言，真正意义上的语言。如果它们想交流的话，甚至还会叫彼此的名字，每只动物的名字不同，叫声也不同。

在接下来的几年里，萨拉和马尔科一起写了很多文章并发表在权威学术期刊上，结下了珍贵的友谊。

“走吧，直升机刚刚落地！”几秒钟后，马尔科提着他们的行李箱说道。

“直升机？”萨穆埃莱喊道，“真的吗，妈妈？”

确实是真的。只见一架直升机正在距机场几步之遥的小型起飞跑道上等待他们。

萨穆埃莱看到巨大的螺旋桨在空中转动，扬起灰尘，他简直难以置信。

一上直升机，他们就立即系好安全带，戴上耳机。

“我们是要听音乐吗？”萨穆埃莱好奇地问。

“不，我们头上的桨叶会发出很大的噪声，耳机是用来保护耳膜的。”马尔科微笑着回答。

萨穆埃莱点点头，决心要服从所有指令，好好享受这段旅程。

从高处俯瞰，可以看到大海，时而灰色，时而绿色，时而深蓝色，时而又是浅蓝色。靠近海岸，有长条形的沙滩和茂密的绿植。时不时地，直升机似乎要下降，然后又升起。萨穆埃莱的心也随着飞机的升降忽上忽下，就像在游乐园坐过山车时那样。

他们落地后立即被带到新西兰南部斯图尔特岛上的奥本小镇，直奔鲸类观察营。

“搁浅的鲸在哪里？”萨拉一上车就问道。

“在梅森湾。那里有一大片沙滩，对鲸来说，它已经

变成了一个‘陷阱’。人们只能乘某些特定的船到那里，比如连体船，但我要提醒你，那场面可不好看。”马尔科回答道。

“我可以想象。”萨拉伤感地说。萨拉向萨穆埃莱表示不能带他一起去，他必须在营地等萨拉回来。

“为什么？”

“因为我不想让你看到发生了什么。”

“鲸还在那里？还在沙滩上？”

萨拉点点头。

“而且它们还会在那里待很长时间。暂时不可能挪得动它们。”

萨穆埃莱惊讶地张着大嘴，问道：“但是怎么会这样？”

“这就是我们要调查的。几天前，渔民出海时发现了这个情况并报了警。”马尔科说。

“这不正常，是吗？”

“是的，宝贝。鲸受了伤或者生了病，会漂浮在海面上，随着洋流漂向陆地。但是鲸群如此大规模地搁浅，这种情况很少见。”

“可这是为什么呢？到底有多少头鲸？”

“三百多头。”

萨穆埃莱再次惊讶地张大了嘴巴。鲸是他能想象到的最大的动物，一想到要看到这么多鲸待在这样小的空间，就让他感到害怕。

“你为什么不让我跟你一起去呢？”

萨拉犹豫了，似乎在寻找合适的话语来解释某些难以说清的事情。

“萨穆埃莱，我知道你是一个勇敢的孩子，已经在非洲与巴杜、小猩猩、猩猩妈妈一起向我证明了这一点。但是，幸存下来的鲸遭受了很多痛苦，因此兽医想给它们注射……”

“他们要杀了鲸吗？”萨穆埃莱喊道，“你绝对不会允许的！”

“萨穆埃莱，听我说。把鲸带回大海并不是一件容易的事情。它们非常重，如果兽医不干预的话，鲸无论如何都会死的，而且会遭受更多痛苦。”

“它们很痛苦吗？”

“是的。”

听到这句话，萨穆埃莱沉默了。当有人来接萨拉时，萨穆埃莱也不再坚持与她一起去。或许，萨拉是对的，最好还是不要看见，尽管鲸受苦的画面久久盘旋在他的脑海里，挥之不去。

那天晚上，当萨拉和马尔科回到营地的时候，他们都沉默不语。

当他们走进吃早餐和晚餐的中央大厅时，马尔科告诉萨穆埃莱，第二天会见到他的女儿舒基。她是前几天从美国来的，因为还没调整好时差，所以已经睡了。萨穆埃莱笑了，能有一个伙伴让他感到很开心。

晚餐过后，大家就去睡觉了。

第二天将是漫长的一天。

“妈妈，你能再给我讲一次打破飞行纪录的鸟儿的故事吗？那只鸟不是从新西兰出发的吗？”

“没错！就是从这里出发的！那是斑尾塍（chéng）鹬，一种候鸟，嘴巴又长又细，体形修长。有一天，它为了产卵繁殖，开始飞往美国阿拉斯加，那儿真的很遥远，几乎在世界的另一头。在这个过程中，它一不留神就创造了一项当时的世界纪录——鸟类不间断飞行最远距离的世界纪录。想象一下，它不间断地飞行了一万多千米。”

“但你是怎么知道的？”

“一队科学家为了跟踪那只鸟，在它的尾巴上安装了一个小型卫星定位装置……”

“他们跟踪了整个旅程吗？”

“当然！科学家一直在为它加油鼓劲儿，希望它能够飞越大海，不被疲倦打败……”

“所以，鸟儿也是很勇敢的……”

“不仅如此，它们顽强而坚定。最终，那只小小的斑尾塍鹬成功产下了卵，而且它的孩子们也顺利出生了。”

“多么美好的故事啊！晚安，妈妈！”

“晚安，宝贝！”

初见舒基

第二天早上，天气很冷。萨穆埃莱一走出房间，就赶紧又回去套了一件毛衣。这是他第一次这么主动地添加衣服，还没等妈妈发话，就已经把自己裹得严严实实。

“这里现在的季节相当于我们那里的秋天，萨穆埃莱。”萨拉对他说。

“秋天？但现在是四月！”

“可我们在世界的另一边，你别忘了，现在咱们在南半球。这里的季节跟咱们那边是相反的！”

“你的意思是……”

“现在是四月，但不是我们习惯的春天，即将到来的也不是夏天，而是一年中最冷的季节。”

“那他们怎么过新年呢？”

“他们也像我们一样庆祝，只不过这里过新年时天气很热，他们会去海边游泳。”

萨穆埃莱疑惑地看了妈妈一眼。

“等我回学校的时候问问老师。”

“随便你啦……”萨拉嘴角挂着微笑，耸耸肩回答道。

不久之后，萨穆埃莱、萨拉和马尔科来到了会议室，几乎所有观察营的工作人员都来聆听萨拉的讲解。

马尔科首先发言。

“我要感谢所有前来帮助我们的人。我们本来想拯救鲸，但现在正如大家所知，这是不可能的。”

然后，他把萨拉介绍给同事们，并让萨拉讲话。

“在海滩上发现的鲸体形巨大，有一对长长的胸鳍。初步分析，它们的死亡是因为离开水太久了，脱水而死。”

萨拉停下来，喝了点水。

“我们需要了解是什么导致如此大规模的鲸群搁浅。在我们现有的记录里，世界其他地方从来没有出现过这种现象。”

当讲解开始变得只有科学家才能理解时，萨穆埃莱起身离开了房间。他知道萨拉将会分享她知道的科研结论，并且解释她的观点。不过，他更喜欢四处转转。

“嗨，你一定是那个被所有人寄予厚望的意大利科学家的孩子。”

萨穆埃莱转身，面前是一个扎着马尾辫、脸上长满雀斑的女孩。她的年龄应该跟他差不多。女孩穿着一条卷着裤腿的牛仔裤和一件宽松的深色夹克。

“你好，我叫萨穆埃莱！”他回答。

“我是舒基，马尔科的女儿。”

“啊，对啦……你爸爸跟我说，昨天晚上我们回来时你已经睡了。”

“是的，因为有时差我很早就睡了。你一定也会出现不适应时差的问题。”

萨穆埃莱看着她，她继续说道：“我最好带你看看这附近有什么，省得你以后迷路让大人们着急。我常来这里，这个营地就是我的第二个家。我对它无所不知！”

萨穆埃莱默默地跟在她身后。他注意到舒基的做事方式大胆且自信，而且对他说话的语气就好像他们已经相识很久了。

“你知道吧，我和妈妈住在美国，每过半年我都来这里看望爸爸。”舒基说道。

“我妈妈是意大利人，而我爸爸是英国人，所以我会说英语。你去过这么多地方，一定很开心吧？”萨穆埃莱问道。

舒基没回答，但脸色却沉了下来。当他们来到一个大木头码头时，她停下了脚步。

“你要在这里待多久？”她问道。

萨穆埃莱耸耸肩，对她解释说，不论事情进展如何，他妈妈都会在十多天以后不容分说地送他回学校。

“他们必须得弄清楚那些鲸到底发生了什么，我了解我的妈妈，在她搞明白之前是不会离开这里的。”

“那场面真是太可怕了！”舒基惊呼道。

“你看见它们了吗？”

“当然，在我刚到的时候就看见了。他们给爸爸打电话的时候我们还在机场，所以我们就直接去了现场。太难以置信了！海滩上都是那些可怜的动物。我可以看到那些鲸还在动，缓慢地移动……”

萨穆埃莱震惊地睁大双眼。

“我妈妈说它们会在那里待很长时间。”

“是的，移动它们是不可能的。”

“嗯……你知道怎么去那里吗？”

她转身看着萨穆埃莱。

“我当然知道，但是我警告你，这不是一件容易的事。要走很长一段路，然后还要坐船。我不知道是不是……”

不等她说完，萨穆埃莱就打断了她：“要是你不想去，也没有问题……说到底，你毕竟是个女孩儿。”

她睁大了眼睛，就像每次课堂上爆发性别争论时，所有女生都会做出的反应一样。

“可事实是，如果没有我，你甚至都不知道如何返回营地，连主干道都找不到！”她坚持说。

“我不认为这有那么困难，一张地图就足够了……”

“但我不需要地图！”

“也许是因为你看不懂……”

“亲爱的，我不仅能看懂地图，我还能看懂航海图，但是去鲸那里，仅仅靠我从来不会出错的方向感就足够了！”

“你真的确定吗？”

“当然！我们只需要做好准备，我们需要食物和水。”

有一瞬间，萨穆埃莱很想找一个借口推辞，但是现在已经晚了。她已经开始制订计划：只要等天气晴朗，他们的父母出海的时候就可以了。

“如果我们遭遇暴风雨，那可就麻烦了，但是我绝对不会害怕。你呢？”舒基问。

萨穆埃莱有一点后悔刚才对她那么强硬，但他已经不能退缩了，何况他是真的想看到鲸。

“我当然不害怕！”

两个孩子又在营地逛了一会儿，当他们不得不回去的时候，舒基用坚定的眼神从上到下把他打量了一番。

“咱们明天就在这里见！”她对萨穆埃莱说，“同时，你要尽量弄明白你妈妈要做什么……所有人都听她的。如果你妈妈决定必须出海寻找其他的鲸，所有人都会跟着她去的，除了我们。”

真是安排得清楚极了。

当他们回到营地时，萨拉和马尔科还在会议室外面说话。

当萨拉看到他们时，露出了灿烂的笑容。

萨穆埃莱知道妈妈在想什么。他找到了伙伴，不会再感到无聊了，这样萨拉就可以放心，更专注地处理鲸的问题。

萨穆埃莱很想和舒基成为朋友。舒基是一个很坚定、果断的人。但是他并不确定舒基是否也有同样的想法。说实话，她似乎只关注自己的事。

那天晚上，他们四人一起吃了晚饭。萨穆埃莱不自觉地开始打哈欠。

“看到了吧？我早就和你说了！半个小时以后你肯定会直接睡在餐桌上！我保证。”舒基用一种令人不太愉快的语气说。

尽管他也并不自信，但还是回答道：“我能熬得住！”

舒基和马尔科开始谈论他们的经历和这个萨穆埃莱完全不熟悉的国家。在这短暂的快乐时光里，所有人都忘记了鲸。

然而，努力保持清醒实际上是非常困难的。

“啊！你最后还是熬不住了，我就知道！”在看见萨穆埃莱把头低得几乎要埋在盘子里时，舒基用赌赢了的得意口吻说道。

妈妈的担忧

第二天，他们还在房间里，萨拉问萨穆埃莱："你今天要做什么？"

"我想是和舒基出去玩……"

"你还记得你必须做完所有作业吧？我很乐意让你玩得开心，但是你不能拖到最后一刻才做作业。"

"你呢？你今天要做什么？"萨穆埃莱想起舒基交代他的话，也试着问她。

妈妈看着他，仿佛不知道该从哪儿开始解释，她有太多事情要去思考，对她来说，每天时间都不够用。

"我们将开始另一场会议，然后我们会采取行动。"她说着，递给萨穆埃莱一件干净的毛衣。

"你们有什么发现吗？"

"现在还没有，但是如果我们继续待在这里，很难弄清楚到底发生了什么。在我看来，我们需要行动起来……"

“你们会出海吗？”萨穆埃莱先是把头从毛衣里探出来，然后把手也伸了出来。

“我认为是这样。我想了解周边动物的生存条件怎么样。”

“对于到底发生了什么，你心里已经有猜测了，是吗？”

萨拉叹了口气，撇撇嘴。萨穆埃莱很了解她，他敢打赌，那一刻他妈妈的心里肯定已经有了很多想法。

“事实是我无法理解。关于这次鲸群搁浅，目前我所知道的以及同事在研究中所发现的，都无法提供一个合乎逻辑的解释……”她一边穿鞋，一边说道。

“如果一头鲸因为受伤而接近海滩，也许会有一小群鲸跟着它，帮助它，但是三百多头鲸，实在是太多了……”

萨穆埃莱很少见到她如此担心，也跟着担忧起来。

“这是不是意味着你们还不知道要去寻找什么？”

“唯一的解释是也许是噪声引起的……”

“噪声？”他惊讶地问。

“是的，亲爱的。有时候，非常大的噪声可能会对鲸和其他动物感知声音的器官造成严重的伤害，当然伤害不止于此。”

“你的意思是说噪声非常大，以致让它们失控了吗？”

“或许是。但它们也可能只是受到了惊吓。这也能解释为什么我们在海滩上发现了这么多动物。无论如何，在下结论之前，我们需要证据。”

“那你打算怎么寻找证据呢？”

萨拉知道获取信息的唯一方法就是请专业兽医来到海滩进行尸检，通过检查可以准确地知道鲸死亡的原因。那对任何喜爱动物的人来说都是非常痛苦的时刻，很显然那时的情景会很惨烈。

“今天，我会要求对一些鲸进行全面检查。如果它们的听力系统确实有受损的情况，那么我们就可以去了解更多信息。”

萨穆埃莱越来越担心，问道：“然后，你们会做什么呢？”

“我们需要了解该区域船舶上使用的仪器产生的噪声是否全部在鲸所能忍受的范围内。”

“那听起来并不容易。”

“是的，亲爱的。这是一个只有大海才知道的秘密，至少目前如此……”

两人又在床上坐了一会儿，默默思考着这个推测的意义。然后，他们就去吃早餐了。

萨穆埃莱向萨拉保证自己会先学习一会儿，然后剩下的时间会和舒基在一起。

餐厅密谈

几小时后，舒基在餐厅找到了萨穆埃莱，他正在那儿写作业。

“你在做什么？”小女孩问他。

“写数学作业。”

“真无聊啊！听你妈妈讲述鲸类动物听觉的敏感性更有趣。”她说道。

“你去参加今天早上的会议了吗？”

“你妈妈跟我说你必须得学习，所以我就在那儿待了一会儿……你知道吗，科学家已经证明，巨大的噪声会让鲸的行为变得很奇怪！”

“我当然知道。它们可能会迷失方向或者受到惊吓……”他带着某种骄傲的心态回答道。

“是的，高于120分贝的噪声都可能会造成这种影响。”她用一贯的“学霸”语气说道。

萨穆埃莱肯定地点点头，仿佛他很清楚舒基在说什么，但事实并非如此。

“今天我要去乔吉那里，让她给我弄点吃的东西。”

舒基突然转变了话题，就好像鲸和噪声的大小都不再让她感兴趣了。

“乔吉是谁？”萨穆埃莱很好奇。

“营地的厨师。她棒极了！你知道吗，她一直待在这里，这也是我喜欢回来的原因之一。她总说我太瘦了，如果我让她给我做两个帕尼尼（意大利的一种传统三明治）的话，她会很开心的！”

“两个帕尼尼？”

“对啊，一个是我的，一个是你的，不是吗？为我们去看鲸做准备！你不想看鲸了吗？”

“我当然想看！”萨穆埃莱只是对舒基还想到了给他带帕尼尼感到惊讶。

“但是，我们今天不能去，因为他们两个还不会走很远。他们只是去医疗中心询问尸检结果。不过，如果结果与他们之前预想的一样，接下来的几天他们就会去巡查在这附近航行的大型船只。那时候，咱们就有足够的时间往返海滩，不会有任何人知道。”

说完，舒基走向门口，示意萨穆埃莱跟着她，说：“来吧，咱们走，忘掉数学吧。是时候让你也认识一下神奇的乔吉了！”

神奇的乔吉

厨师乔吉是萨穆埃莱见过的最会讲故事的人。

当孩子们出现在厨房门口时，乔吉正背对着他们，挨着大洗碗池擦干餐具。尽管天气不是很热，但她还是穿着一条彩色长裙和一件低领针织衫。

“你好，乔吉！”舒基用英语说道。英语是新西兰的官方语言，幸运的是萨穆埃莱也会说英语。

但是，当乔吉转过身时，萨穆埃莱的目光落在了她的下巴上。他忍不住盯着看。这个女人的嘴唇下方有一个方形文身图案。萨穆埃莱从来没有在一个人的脸上见过这样的东西。

乔吉大笑起来，走了过去。

“你一定是萨穆埃莱，那个科学家的儿子。”

然后，她做了一件很奇怪的事情，是萨穆埃莱见过的最奇怪的事情之一。她凑过来用鼻子碰了碰萨穆埃莱的

鼻子。

“这是他们的问候礼……”舒基感觉到他的尴尬，小声对他说。

他对乔吉笑着，觉得这真是一个很棒的问候方式。

乔吉问道：“我给你们弄点吃的吧？”她双手叉腰，等待着他们的回应。

“你为什么不给我们讲个故事呢？”舒基反过来问她。

高大壮实的乔吉抬头望着天花板，仿佛在思考该说些什么。

“好吧……我可以给你们讲讲有关我的民族的故事！”

“什么民族？”萨穆埃莱惊讶地问道，舒基踢了一下他的小腿，让他疼痛不已。

“毛利族。”乔吉一边回答，一边让他们坐在板凳上。

她拿起一个装满饼干的金属盒子放在桌子上，然后就开始讲那些令人着迷的故事。

“我们毛利人来自远方。当初我们的祖先乘坐七条木船，在太平洋中劈波斩浪，靠着星星指引方向，寻找那‘绵绵白云之乡’……”

“它在哪里？”萨穆埃莱问她。

“就在这儿！”她回答道，“传说有一天，毛利贵族后裔的五个兄弟去钓鱼，其中最小的弟弟用鱼钩钓到了一条大鱼。他们使出全身的力气想把它拉上来。这条大鱼沉睡在海底深处，名字就叫‘绵绵白云之乡’。当五兄弟成功把它拉出水面时，它就像被施了魔法一样，变成了一片美丽的土地，河流绵延，绿草茵茵。这片土地是如此美丽，所有航海者都想到达这里……”

“然后发生了什么？”

厨师眯起眼睛，仿佛那片神奇的土地就在她眼前。

“后来天空之父爱上了这片土地，紧紧地将大地之母拥抱，使大地陷入了黑暗。直到他们的一个孩子设法将他们分开，才重新给大地带来了光明。但有人对此并不满意。”

“谁？”

“他们的另一个孩子——塔维里马泰亚，风暴之神。”

“为什么？”

“他一直反对父母分开，所以这件事发生的时候，他决定跟随父亲离开。但在离开之前，他实施了报复，用强风和暴雨袭击了那个岛屿。”

“这意味着什么？”萨穆埃莱问道，他记得在学校时，他的老师曾说过，所有的传说都隐含着某种意义。

“这片土地肥沃富饶。今天阳光明媚，但明天……”女人停顿了一下，看向窗外，“明天风暴之神就可能会给我们带来一场暴风雨。这片土地郁郁葱葱，海洋里有许多生物。这片土地，我们的土地，是一片乐土！”

孩子们着迷地看着她。乔吉继续给他们讲有关毛利诸神的故事。当萨拉和马尔科去找他们时，发现孩子们还在全神贯注地听故事。萨穆埃莱和舒基甚至没有意识到时间正在悄悄地溜走，不知不觉已经到了吃晚饭的时间。

然而，在离开厨房后，萨穆埃莱有了一个强烈的愿望。于是，他停下脚步，又转身回到了厨房。

那个女人仍然坐在桌边。

“请问您下巴上的图案代表什么？”他问。

“这是我们民族的标志，意味着我们每个人都必须为此感到自豪。”

“太有意思了……”男孩低声说道，心想如果能留下来再听她讲会儿故事就好了。

然后，他微笑着回到了母亲身边。事实上，他还有成百上千个问题要问乔吉，但他不知道从哪儿说起，所以那天晚上，他决定在晚餐时间问马尔科。

“乔吉给我们讲了毛利人的传说，然后她又给我讲了她下巴上的文身……”

“毛利族是新西兰的少数民族。历史上，他们曾遭受过其他民族的侵略，所以只能被迫生活在岛屿的某些地区。于是，毛利人形成了一个强大的团体，保护着他们自己的传统。幸运的是，如今新西兰官方承认了毛利文化是新西兰重要的文化遗产之一。这种文身是他们从古至今流传下来的独特传统。”

萨穆埃莱沉默了，就像听妈妈给他讲那些有趣的故事时那样。

“就像发生在美洲印第安人身上的那种情况吗？”他问道。

“非常相似。”他的母亲说道。

“有些事情是不应该发生的……”孩子的声音里带着一丝悲伤。

“不幸的是，事实就是如此。我们每天都在目睹一些不公正的现象，弱势群体往往要付出高昂的代价。”

“动物也是……”

萨拉把他的手紧紧地握在自己手中。

“你知道毛利人见面打招呼会互相碰鼻子吗？”沉默了一会儿，萨穆埃莱向他的母亲问道，希望能给她一个惊喜。

“多温馨的事情啊！”

“现在，我们快点去吃晚餐吧！我饿了……”

“妈妈，你能给我讲讲克努特的故事吗？”

“那只柏林动物园的熊？”

“是的，就是那只被熊妈妈遗弃的熊……但是，熊妈妈为什么不想要自己的孩子呢？熊妈妈很坏吗？”

“不，小熊的妈妈托斯卡是一只在马戏团表演了很多年的熊，也许这种经历改变了它的天性……但幸运的是，克努特在动物园管理员的悉心照料下成长起来。这个男人把克努特从熊妈妈身边带走，给它喂婴儿奶粉，里面甚至还放了鱼肝油。而且每隔两小时就喂一次！想象一下，他还搬到克努特的笼子里住了很长一段时间……”

“为什么呢？”

“因为跟所有的动物宝宝一样，克努特想要生存，不仅需要食物，还需要爱和温暖，并需要有人照顾它、教它如何生活……”

“你的意思是克努特虽然没有妈妈，却有一个人类爸爸？”

“就是这样。”

“这就是有人想杀它的原因？”

“很不幸，是的。一些动物权利支持者认为，如果把克努特像人类一样抚养长大，它就永远都不会成为一只真正的熊！”

“你怎么认为？你觉得那个人说的话有道理吗？”

“我相信，尽管我们应该遵守自然法则，但如果没有一个真正合理且重要的原因，那么我们就不应该杀死任何动物……”

声呐疑云

第二天，萨穆埃莱和舒基准备好开始他们的探险了，因为萨拉和马尔科要离开营地。

萨拉很担心，如果大人们都离开了，她希望至少乔吉能留下来照顾孩子们。马尔科向她保证，孩子们留在营地里不会有任何问题，舒基了解这里的一切，认识这里的所有人，真的可以放心。

一吃完早饭，孩子们就开始确认萨拉和马尔科的动向。

事实上，前一天，这俩大人就去询问了鲸的检查结果，但空手而归。

“他们应该在今天早上就把结果发送给我们的……”萨拉一边穿衣服，一边说道。

“具体时间呢？”萨穆埃莱问。

“我不知道，但是我希望他们不要让我们等太久。”

“我们为什么不去看一下资料是不是已经发送过来

了？我真的很好奇……”萨穆埃莱提出了这个建议，并且希望他的小心思不会被母亲发现，但萨拉太专注于查明那些可怜的鲸到底发生了什么，所以并没有察觉什么。

刚到会议室，他们就看到了马尔科挥舞着一张纸。

“最新消息……”

“结果怎么说？”

他们不约而同地低下头阅读分析结果。

萨穆埃莱的心跳得很快，就在这时，舒基出现在寂静的房间里。

“现在就是外星人来绑架我们，他们可能都不会注意到……”舒基靠近萨穆埃莱，在他的耳边低语道。

萨穆埃莱大笑起来，因为他内心深处也是这么想的。

萨拉和马尔科嘟囔着一些晦涩难懂的话语，时不时地彼此对视一下，又摇摇头，什么也没有说，然后又低下头继续阅读。

“跟我预想的一样……”沉默了好一会儿，萨拉说。萨穆埃莱和舒基走近他们。

“死去的鲸都有耳出血的症状。这就是它们迷失方向的原因。”

“出血？”舒基害怕地问道。

“过强的声呐脉冲会让鲸极度恐惧，还会使它们的耳朵和脑部周围的组织受到损伤……”马尔科继续解释道。

萨拉转向他们。孩子们看上去都被吓到了。

“也许这就是它们逃向海岸，被困在那里的原因。”

“那你们现在要做什么？”舒基问道。

“我们会去检查这附近的船只的声呐，找出是哪艘船发出了那种信号。造成这种伤害的原因一定是他们使用的声呐脉冲强度太高了！这是非法的，因为靠近鲸栖息地的地区是禁止使用高强度声呐的。我们必须阻止他们！”

“我去通知海岸警卫队……”马尔科一边说，一边跑出了会议室。

过了一会儿，他和萨拉以及营地的其他同事钻进一辆汽车，去追踪声呐了。

萨穆埃莱和舒基虽然有点害怕，但他们终于可以自由活动了。

实施计划

舒基正在高大的中心建筑后面等着，那里面有厨房和餐厅。

乔吉给她准备了一些火腿三明治，还用纸包了两块蛋糕。与此同时，萨穆埃莱给两个瓶子装满了水。

“我告诉她，我们要去李湾路转转。那是一个离这里不远的风景区。”

“我们不去那儿吗？”

“你不是想看鲸吗？到底是想还是不想？”

“当然是……想啦！”

“那就跟我走吧，别再问其他问题了！”

萨穆埃莱和舒基各自背上一个小双肩包就出发了。

距离营地不远处就有一个公交车站。舒基看了一眼时刻表，随后踢起一块小石子。

“车什么时候到？”萨穆埃莱问道。

“过一会儿。在这里，公交车非常准时。”

不知想到了什么，她的表情变得有点阴沉。

“你生气了吗？”

“没有……在这里一切都挺好的，可是时间一长就没什么事情可做了。”

“你要在这里待多久？”

“六个月。”

“这么长时间！”萨穆埃莱惊呼道。

“你可以去听听我父母的解释……要是能的话，他们巴不得把我分成两半，这样我就可以同时有他们两个人的陪伴了！但是因为我没办法分身，所以他们就让我半年待在嘈杂的美国纽约，半年待在宁静的新西兰……”

萨穆埃莱想要说一些话安慰她，但这时公交车在他身后停了下来。舒基上车与司机打了招呼，就像是她的朋友一样。

“他是和我一起的！”她指着萨穆埃莱说。驾驶座上的司机看了他一眼，然后露出了一个灿烂的笑容。

公交车在土路上开着，他们在最后面坐下，在座椅上摇摇晃晃的。

“你的父母关系不好吗？”萨穆埃莱终于鼓起勇气问道。

舒基盯着他看了一会儿，想让他后悔问了这个问题。

“和生活在世界另一边的人吵架是很困难的……但是他们却能做到。”舒基一边回答，一边转身看向窗外。

萨穆埃莱想到了他的父母，想起了和他一起生活在意大利的爸爸，他感到很幸运，也为舒基感到难过，但他不知道要怎么帮助舒基。

接下来的一路上他们都沉默着，直到车门打开，舒基跳下了车，萨穆埃莱紧随其后，但是两人仍然一句话都没说。

他们离开了马路，开始在一些低矮的树丛中行走。脚下几乎看不到路，到处都是绿色的，头顶上的天空看起来像用水洗过一样瓦蓝。

舒基猜到了他在想什么，就安慰他说：“这是一条捷径，不要担心，一会儿就好了……”

萨穆埃莱还是沉默着，脚下的陡坡令他气喘吁吁。当他们到达山顶时，发现周围都是郁郁葱葱的植被。舒基毫不犹豫地在树丛中开辟道路，继续前进。然后，她捡起一根大树枝，用它敲着地面。

“你在干什么？”

“让蛇离远点。”她若无其事地回答道。

萨穆埃莱睁大了眼睛。一想到可能会遇到蛇，他就不寒而栗，但他绝不会承认。他不会因为任何理由离开舒基。对他来说，周围的一切似乎都是一样的，到处都是灌木、乔木和其他不认识的植物。

然后，萨穆埃莱发现自己来到一片小小的草地上。

“快看！”舒基喊道。

萨穆埃莱还没来得及转身，就感觉自己好像飞起来了一样。他们站的位置很高。在他们的脚下，大海波光粼粼。

“太壮观了！”看着眼前美丽的景象，萨穆埃莱难以置信地喃喃道。

舒基坐下来，打开背包，萨穆埃莱也跟着照做。太阳高高地挂在空中，他们的肚子开始咕咕叫了。于是，他们开始吃三明治，时不时地说几句话。但萨穆埃莱一直专注于观察周围所有能看到的新鲜事物。

“我的天啊！那是什么？”几秒钟后他尖叫起来。

距离他们几米远的地方有一只非常奇怪的动物。

这是某种鸟类，却没有翅膀。它有一个很长的喙和两只小眼睛。

“是一只几维鸟。”舒基平静地答道，“它的英文名是‘kiwi’。它是这里很常见的鸟。它不会飞，所以只能跑。”

“但是……‘kiwi’不是奇异果吗？”

“没错！”舒基回答道，忍不住笑起来。

“这里所有的一切都很奇怪……七月人们不去海边，一月这里也不下雪，现在就连动物的名字都跟水果一样了……”萨穆埃莱感叹道。

“或许是因为我们现在在地球的‘下边’？就像我们

在倒立着一样。”舒基开玩笑说。

萨穆埃莱把三明治收了起来，走近一些，想更好地观察它。但在他走了几步之后，这只怪鸟就立刻跑远了。它的嘴里还叼着一条长长的白色蠕虫。

“不会飞的鸟真的很奇怪……”

“它们本身就是这个样子的。”舒基回答道。有那么一瞬间，萨穆埃莱以为他听到了母亲在说话。“就像鸵鸟和企鹅不会飞一样。”她总结道。不得不说，她的确是一位动物行为学家的女儿。

萨穆埃莱一直在想那只不会飞的鸟，想知道这到底是一件好事还是坏事，直到舒基让他站起来继续他们的探险历程。

这次他们走的是下坡路。

舒基的脚步很快，仿佛不再有任何危险：没有蛇，没有蜘蛛，也没有奇怪的几维鸟。两个孩子喝了点水瓶里的水，休息了一会儿，就继续向下朝着海边的山谷前行。

萨穆埃莱感觉累极了，不得不放慢脚步。他需要再休息一下，所以舒基停下来等了他一会儿。

“加油，我们就快到了……”她说道，仿佛萨穆埃莱需要她的鼓励一样。

“到鲸那里吗？”

“不，到毛利村。”

“我们去毛利村做什么呢？”

“我们乘坐瓦卡船去看鲸，怎么样？”

“瓦卡船？”萨穆埃莱问道，他又想起了那只怪鸟。

“这是一种有两个船体的船。昨天乔吉给我们讲过，你不记得了吗？”

“那五兄弟就是坐着它把海里的土地钓上来的？”萨穆埃莱好奇地问。

“就是那个！它非常稳定，而且容易驾驶。”

萨穆埃莱回答说：“但愿像你说的那样。”其实，他觉得最好还是向舒基解释一下自己从未驾驶过船。

当他们到达村庄时，萨穆埃莱觉得这里很荒凉。舒基突然变得小心翼翼，开始慢慢地走。

“我们去哪儿取船？”

舒基把一根手指放在嘴边。

“嘘……别出声！”

他的身子一下变得很僵硬，从那一刻开始，萨穆埃莱一声不吭地跟在她后面，一起躲到了一栋大房子后面。舒基偷偷地环顾四周，沿着大房子的一侧弯腰前进，然后跑到另一栋房子旁。萨穆埃莱一直跟在她身后，尽可能地去模仿她。

直到他们到达码头，萨穆埃莱才明白了舒基的计划。

舒基跳上了其中一艘船，就是他们之前谈到过的瓦卡

船，然后示意萨穆埃莱也上来。舒基解开了码头上用来固定船只的绳索，递给萨穆埃莱一把船桨。

他刚刚居然偷了一艘船！如果萨穆埃莱告诉同学们，他们一定不会相信。萨穆埃莱从来没做过这种事！

“但是……我不知道该怎么做……”萨穆埃莱承认道。

“什么？”

“这只瓦卡船，我不知道怎么驾驶……”

“像我这样做，你只需要用桨划水。”舒基紧握着船桨向他解释，她也同样没有经验，但是她好像一点都不担心。

事实上，过了一会儿，他们就能节奏一致地划桨了。这还真有意思！海岸在他们身后逐渐远去，太阳升得越来越高，大海的颜色也越来越深。

然而，他们不会想到，在不久之后，他们将会遇到一个大麻烦……

风暴降临

萨穆埃莱看着舒基将船桨在海水中划进划出，没有溅起一丝水花。

“你真的很棒……”萨穆埃莱评价道。

“我经常和爸爸一起来这里。当他在营地没有工作任务的时候，我们就去海边旅行。我实际上已经是一个划船行家了！”舒基用一贯骄傲的语气回答道。

萨穆埃莱的这个新朋友划船技术很高超，划船的节奏没有一丝慌乱，所以萨穆埃莱也慢慢地不那么担心了。

他们看到远处有一艘船驶过。那艘船开得很快，距离他们又很远，是不可能看到他们的，萨穆埃莱想。

几分钟后，舒基依然坐在船头。她突然举起了一只手，停止划船，并尖声叫道：“有东西！”

“什么？”刚刚才放松下来的萨穆埃莱感到脊背发凉。

“我不知道。它是灰色的，我看到它从下边游过去了……”

萨穆埃莱小心翼翼地慢慢靠近她。

“你觉得是鲸吗？”萨穆埃莱问道，然后抬头看舒基，发现她的表情变了。

她的眼睛睁得大大的，仿佛看到了什么可怕的东西。

“是一条鲨鱼！”

萨穆埃莱猛地转动身子。四周的海面很平静，但是在距离他们几米远的地方，他也看到了那条鲨鱼。鲨鱼的背鳍像刀一样划破水面。

“我们得马上离开！”舒基说道。

她说话的声音都变了，看起来也不再像萨穆埃莱所认识的那个骄傲勇敢的女孩了。萨穆埃莱回到原来的位置，试图让瓦卡船掉头回到岸边，但当他回头看时，那条鲨鱼还在那里……而且还不止一条。

“现在有两条了！”萨穆埃莱喊道。

“别停下，继续划。”舒基头也不回地回答道。

“我们可以把剩下的三明治扔给它们……”萨穆埃莱建议道，因为他真的想不到还能做些什么。

“但我不认为它们会满足于火腿……”舒基说。

通过妈妈讲的故事，萨穆埃莱知道鲨鱼有好几排牙齿，可以轻松地将猎物撕成碎片；鲨鱼的尾鳍能让它们游得飞快；它们的嗅觉非常灵敏，可以闻到很远处的血腥味。

但是，在这一刻，有一个动物行为学家的母亲似乎并不算一个优势，因为这些信息没有一条是让人安心的。

“刚才这里有过一艘大船！”舒基喊道。

“它去哪儿了？”

“它刚才就在那儿，但现在看不见了。它开得太快了……”

萨穆埃莱环顾四周，但看到的只有茫茫大海。然后，几滴雨水落在他的脸上，不一会儿，就下起了倾盆大雨。

两个孩子互相看着对方，雨水滑过他们的肌肤。

或许，乔吉的话此刻正浮现在他们的脑海中：“明天风暴之神就可能会给我们带来一场暴风雨。”

“我们不能让水进到船里，不然船会沉的……”舒基担心地对萨穆埃莱说道。

“但瓦卡船不是非常稳定的一种船吗？”

“是的，它不会翻，但如果重量增加的话……”

舒基颤抖着，她甚至不会像之前那样划船了。

突然，舒基发出了一声尖叫，声音之大让萨穆埃莱仿佛感到世界末日来了。

“它们抢走了我的船桨！”

萨穆埃莱看着舒基退到瓦卡船的中心。片刻寂静之后，空气里响起了她绝望的哭声。

萨穆埃莱试图靠近她，但一个巨浪猛地拍来，把他们的船拍得摇摇晃晃，萨穆埃莱向后倒去。

“我害怕……”舒基说，她的脸上布满了泪水和雨水。

“我也怕……”萨穆埃莱一边尽量靠近她，一边轻声回答道。

危机解除

舒基在颤抖，萨穆埃莱也是如此。雨水淋湿了他们的衣服。

“我希望爸爸在身边……”舒基抽泣着说道。在他们的周围，鲨鱼的背鳍多得数都数不清了。鲨鱼绕着瓦卡船游来游去，它们似乎把船当成了玩具。其中一条鲨鱼猛地撞向船的一边，紧接着又有一条撞向船的另一边。然而，瓦卡船仍在顽强地坚持着。瓦卡船有两个船体，因此是非常稳定的，但雨水使船体的重量不断增加，如果没有人来接他们的话，只靠着一支船桨是没办法回到岸边的。何况周围还有鲨鱼……

萨穆埃莱紧紧地握住舒基的手。他希望能找到合适的话语来安抚这个女孩，让她不要担心，让她相信他们两个一定会平安无事，还有，认识舒基他真的很开心，他真的很钦佩舒基。接着，他有了一个主意。

“我们现在只能靠声音了。”他回想起母亲的建议，对舒基说道。

“当你遇到危险，要呼救！”母亲总是这么告诉他。于是，他们照做了。

“救命！”他们大声喊着，希望除了鲨鱼以外，有人能听到他们的声音。

“救命！”他们不断地大声喊着。

但是什么都没有发生。舒基低声地抽噎着。

“我们不会成功的……我们会死在这里……都是我的错，我不应该把你带到这里来！”

萨穆埃莱闭上了眼睛。舒基说得对，也许他们会掉到水里，成为一群鲨鱼的晚餐，也许他们再也不能回家了。

恐惧一下子吞噬了他，但是萨穆埃莱还是尽量让自己平静下来。无论是因为舒基的冒失，还是他们对看鲸的渴望，现在一切都不再重要了。这一刻，萨穆埃莱唯一知道的就是他们两个人要待在一起，只有这样他们才能勇敢地去面对。

“你知道在我害怕的时候，我妈妈会做什么吗？”萨穆埃莱问她。

舒基摇了摇头，她的泪水滑过了嘴角。

“她会给我讲一个有趣的故事……”

舒基望着他的眼睛，然后他开始讲起了故事。

“从前，有一头鲸，名叫比安卡。它和父母生活在海底，它的父母不想让比安卡远离家乡，离开它们。不过，有一天，小比安卡还是离开了，因为一些海马邀请比安卡跟它们一起探索未知的世界。它们走得实在是太远了，以至于比安卡已经不知道自己在哪里了……”

“然后发生了什么？”

“比安卡哭了，开始呼唤它的爸爸妈妈。终于，海马回到了它的身边，把它带回了家……”

“比安卡又能‘拥抱’它的爸爸妈妈了吗？”

“是啊……我们也会的……”萨穆埃莱向舒基保证。

“你向我保证？”

“相信我，我们的父母是‘超级英雄’……他们已经在找我们了！”

“如果他们还没有回到营地，怎么办？也许他们根本不知道我们已经离开了……”

他们再一次担忧起来，随之而来的还有鲨鱼每一次撞击带来的恐惧。

“别看……”萨穆埃莱一边说，一边用手遮住了她的眼睛。

瓦卡船打着转儿，他们在船上互相拥抱着，讲述着动物的故事，希望能尽可能地坚持下去。

就在这时，他们听到了一个呼唤声。

是萨拉的声音！

他们不约而同地抬起头，眼前的一切就好像一场梦。

萨拉和马尔科驾驶着一艘大型双体船正朝着他们的方向驶来。船不断地靠近着，就好像阴天时风雨中一个明亮的光点。

萨穆埃莱和舒基一起向船边爬去，结果导致瓦卡船大幅度摇晃，他们几乎都要碰到鲨鱼的背鳍了。

“待在中间！不要动！”萨拉喊道。

一名水手扔了一根绳子给他们。

“把它绑在船头！”马尔科喊道。

萨穆埃莱很慌乱，不知道要怎么做，但是舒基似乎思路很清晰，虽然她一直在哭，但还是按照父亲的指令去做。

大型双体船把他们拖向海岸边。马尔科跳上了瓦卡船，带着他们一起到达浅海。

对萨穆埃莱来说，能够再次拥抱妈妈是世界上最美好的事情。

他闻着妈妈的味道，耳边传来了妈妈怦怦的心跳声。

“他们在路上发现了它，给它起名叫安格斯，卢卡恳求爸爸留下它，但是卢卡的妈妈一看见安格斯就吓得尖叫，她实在不希望家里有一只浣熊……”

“后来呢，发生了什么？”

“过了一会儿，卢卡的妈妈同意让安格斯留下来，条件是它必须睡在花园的一间木屋里。之后，一切都很顺利。直到有一天，妈妈去叫卢卡起床时，她发出了一声尖叫，那叫声甚至在城市的另一边都能听到！”

“别跟我说安格斯正在卢卡的床上睡觉……”

“就是这样！妈妈掀开被子时，看见了一个毛茸茸的东西，还长着尖尖的鼻子，她一定被吓得够呛……”

“我记得你跟我说过，有一次安格斯让房子里发了水灾……”

“啊，那次可真是搞得一塌糊涂！我真不知道卢卡的妈妈怎么会原谅它。安格斯爬到浴室，打开了浴缸的水龙头。浣熊有把食物放到水里清洗的习性。可是，没有人教过它怎么关掉水龙头，所以在它打开水龙头以后，水就一直流……几小时后，一条‘真正的瀑布’从楼梯上流了下来，淹了整个客厅……”

“但是，这次卢卡的妈妈也没有赶它走……”

“是的，不过她决定要教会安格斯怎样去关水龙头！”

返回营地

当他们开始返回营地时，太阳已经西斜，又一场暴风雨来临了。如果没有及时找到萨穆埃莱和舒基，水一定会淹没他们的船……

“这是你的主意吧？”

马尔科一脸严肃地盯着舒基。

“你以为你在做什么！”

“我只是想……”

“想什么？把我吓个半死吗？”

“不，你一定会注意到我不见了！”舒基突然大喊一声，让所有人都愣住了。

马尔科的表情变了。他走近女儿，脸都涨红了。萨穆埃莱担心他要责罚舒基，但马尔科却张开双臂，把她紧紧地抱在怀里。

“对不起，宝贝。我知道现在的生活对你来说并不容易，但是你要知道，我和你妈妈都很爱你。我们只是想找到一个适合我们三个人的解决办法……”

“你们为什么从来不问问我到底想要什么？”舒基泪流满面，用微弱的声音问道。

马尔科长长地叹了口气。

“我本以为你是幸福的……等这次任务结束，我们平心静气地好好聊聊这一切。”

小女孩点点头，抬手把脸上的泪水擦干。

“但是，你们确实不应该这么做。你们是怎么想的？居然偷了一艘瓦卡船！”

“是我让舒基去那里的……”萨穆埃莱试图维护他的朋友。

“你们想去哪里？”萨拉问道，对刚才发生的一切仍心有余悸。

“我只是想看鲸……”萨穆埃莱小声嘀咕道。

“可是它们在海岛的另一边！”马尔科喊道。

“但你之前带我去过那里，所以……”舒基说道。

“我们是坐摩托艇去那里的！乘坐那艘瓦卡船的话，你们会花上好几天的时间！”

“我不知道。我以为我们可以及时返回，而且我们不知道会有鲨鱼。”舒基辩解道，“我以前从没见过……”

萨拉长长地叹了口气。

“鲨鱼正在靠近这个区域，因为这里有腐烂的鲸的尸体，但它们没有办法到沙滩上去，所以就一直在海岸附近徘徊。”

“就是我们所在的地方……”萨穆埃莱看着萨拉清澈的眼睛说道。

“你们是怎么找到我们的？”舒基问道。

萨拉和马尔科互相看了看对方，仿佛有一个很长的故事要讲。

“我们回来时，乔吉说她没看到你们从李湾路回来，但据她所说，你们去程和回程加起来也不应该超过三小时，所以我们开始找你们，我们遇到的第一个人就是公交车司机。他说你们没有买票就上了车，而且公交车行驶的方向和你们去李湾路的方向是相反的。”

萨穆埃莱和舒基互相看着对方。对他们俩来说，这已经是一个精心策划的方案了……然而，大人居然只用了这么短的时间就猜到了孩子们的计划。

“所以，我们没有浪费时间沿路寻找，而是直接去了奥本，开了这艘双体船……幸亏马尔科对海岸非常熟悉，知道该去哪里找你们。”

萨拉熟悉的语气回来了，萨穆埃莱知道萨拉的担心害怕就要过去了，过一会儿就得开始训他了，也许还会因为他们造成的麻烦而惩罚他，以后他就要和探险永别了！所以，为了讨好萨拉，萨穆埃莱说道："我听了你的建议，妈妈，当我遇到危险时，就一直在呼救，你听到了的！"

萨拉忍不住笑了，然后紧紧地抱住了他。

当他们到达营地时，乔吉正在门口等着他们。

她一边紧紧地把两个孩子搂在怀里，一边说："你们没事就好！我快担心死了！我告诉过你们，风暴之神会带来一场暴风雨……"

事实上，两个孩子之前并没有太在意乔吉说的话，还以为乔吉是在讲故事呢。

重要发现

第二天，正如萨穆埃莱所预料的那样。萨拉仍然很生气，无论怎样都不允许萨穆埃莱离开她的身边。

于是，萨穆埃莱和舒基吃完早饭后，不得不跟着父母去会议室参加了所有会议。

他们并排坐在大会议室的最后一排。

“亲爱的同事们，昨天我和马尔科去海岸警卫队办公室查看了最近几周有关声呐的报告，可惜我们没有发现任何异常情况，船只都遵守了禁令。一方面，这是一个好消息；另一方面，这也意味着我们必须寻找其他导致鲸群搁浅的原因。”

为了弄清楚鲸到底发生了什么，萨拉继续分析情况，并阐述她和马尔科的推测。这时，舒基转向了萨穆埃莱，握住了他的手。

“我们在瓦卡船上看到的那艘船，你还记得吗？”

“记得！是红白相间的……”

“它会是破冰船吗？”

萨穆埃莱耸耸肩。

“反正肯定不是游轮……”他开玩笑地说。

“它上面有一座塔……”过了几秒，他补充道。

“一座塔？是什么样子的？”

“我不知道……我想那塔是铁的……就像埃菲尔铁塔……”

舒基不解地看着他。

“我们得告诉他们……”舒基建议道。

“你去说吗？但是海岸警卫队已经把每艘船的信息都告诉他们了！”

“是的，但是如果我们能够提供有用的信息，或许我们就不用受惩罚了，你不觉得吗？”

“可是，如果我们妨碍了他们的工作，可能我们就得永远待在这儿了。”

舒基果断地站起身来，她用坚定的眼神示意萨穆埃莱跟着自己走。

他们走到前排，重新坐下，耐心等待会议结束。

“昨天萨穆埃莱看到了一艘船，船上面有一座塔！”

当其他营地成员起身离开时，舒基走近萨拉说道。

萨穆埃莱闭上了眼睛，想着他们将被赶回会议室的最后一排，什么都不能做。

“一座塔？是什么样子的？”马尔科问道。

“它很高，由交叉的钢铁构成……”萨穆埃莱说道。

“就像埃菲尔铁塔！”舒基补充道。

“你们跟我来，孩子们！”

马尔科边喊边朝另一栋房子跑去，萨穆埃莱、萨拉、舒基十分好奇，紧随其后。

当他们走进马尔科的办公室时，马尔科拿起了一本厚厚的书，看起来就像图书馆里的百科全书一样，接着在他们面前把书翻开。

里面是各种类型船只的照片。

“现在仔细看，如果有你说的那种，告诉我……”

萨穆埃莱仔细观察每张照片，直到翻到勘探船这一类别，在看了几张照片后，他指向其中一张照片。

“就是这个。”

“你确定吗？”

“确定！这和我看到的那艘船非常像。”

“再仔细想想，萨穆埃莱。你们当时处于危险之中，非常紧张，可能会弄错……”

“我敢肯定。当我看到它的时候，我们还没有被鲨鱼袭击，我当时很开心……”

萨拉走近察看这张照片。

“这很有可能是一艘勘探船，用于寻找碳氢化合物。”

“碳氢化合物？”孩子们不解地问道。

“意思是他们可能在寻找石油！”

萨拉和马尔科彼此对视了一眼。

“为什么海岸警卫队不告诉我们这件事？”

“因为他们并不使用声呐，他们使用的是更特殊的东西。”

“你认为是地质勘探气枪吗？”萨拉问道。

“但是地质勘探气枪在这里已经被禁用好几年了……”马尔科回答道。

萨穆埃莱和舒基面面相觑，完全不明白他们在讲什么。

萨穆埃莱插嘴问道：“妈妈，你们在说什么？”

马尔科又从书架上拿了一本厚厚的书，给两个孩子看了更多照片。

“地质勘探气枪是一种用于探测海底地质结构的设备。它就像一把巨大的枪，将压缩气体射入水中。这样做会产生声波，穿过海水，到达海底，让我们能够了解海底的地质情况，比如海底是否有气体或者液体，例如石油。”

“那它们是如何让鲸搁浅在海滩上的？”

“使用地质勘探气枪会对鲸产生巨大的影响，对鲸来说，地质勘探气枪真的很可怕。”

所有人都沉默了，思考着人类对自然界到底有多大的破坏性。舒基又一次紧紧地握住了萨穆埃莱的手。

“我们必须警告当局……”萨拉最终说道。

“我想那艘船现在已经离我们很远了。这艘船不会停留只会收集矿藏的信息，然后在被发现之前赶紧离开新西兰。”

“那你觉得他们会回来吗？”

“只有他们认为这里确实有重要的东西时才会回来。而且，他们可能会和政府打交道。”

“那么我们在这儿能做什么呢？”

“改变公众的想法。”

“什么意思？”舒基问她的爸爸。

“我们必须把我们所知道的告诉所有人。”

“所有人？”

“相信我！”

神秘目击者

直升机正在等待他们。萨穆埃莱和舒基盛装打扮，萨拉和马尔科也做了充足的准备，似乎要去参加一场聚会。经过一段令萨穆埃莱兴奋不已的短途飞行后，他们终于降落在新西兰南岛的一个重要城市——达尼丁。

所有人都有点激动。当出租车停在新西兰电视台大楼前时，他们欣赏着眼前这座巨大的建筑。这座大楼管理着该国的公共电视服务网络。

在入口处，他们拿到了写有他们名字的卡片，并被带到一个房间，房间里沿墙摆放着一些软垫椅子。

"玛里琳一会儿就到。"一名警卫对他们说道，然后关上了门。

"准备好了吗？"马尔科问萨拉。

"当然。我不会让自己受到情绪干扰的。"

大家都十分钦佩萨拉的自信，她在任何情况下都表现得很从容。

玛里琳是一位金发女士，化着精致的妆。她拥抱了马尔科，好像他是很久没见的朋友，然后带着他们一行人穿过仿佛看不到尽头的走廊，来到了另一个房间。

当他们进入演播厅时，萨穆埃莱和舒基坐在前排，好像在电影院里一样。

就像在电视里看到的新闻主播一样，萨拉和马尔科戴上麦克风，几秒钟后，一切准备就绪。

玛里琳开始说话了，她的脸出现在所有的屏幕上。

“现在插播一条重要消息。众所周知，几天前，斯图尔特岛上发生了一件可怕的事情。在梅森湾的海滩上发现了三百多头鲸的尸体。如此多的鲸在海岸上搁浅死亡，这是以前从未发生过的事情。为此，当局委托奥本鲸类观察营展开调查。现在调查有了一定的进展，让我们有请两位研究人员向我们解释他们的发现。”

摄像机转向萨拉和马尔科，几秒钟后，他们开始向公众介绍他们所知道的事情。

“那么，你推测可能是因为某艘勘探船的不当行为而导致鲸大量搁浅死亡的吗？”玛里琳继续问道。

“鲸听力系统受到的伤害很可能与新西兰近年来禁止使用的地质勘探气枪有关。”

“你们有证据吗？”

萨拉和马尔科互相看了一眼，然后给出了肯定的回答。

“我们有目击者，他们看到一艘船离开了那个区域，那艘船很有可能是勘探船。”

“目击者在哪里？”玛里琳问道。舒基用力握着萨穆埃莱的手，他觉得自己的手指都要被握断了。萨穆埃莱也很激动，他甚至能听到心脏怦怦直跳的声音。

“我们目前不想透露他们的身份。”萨拉说道。

“但他们非常勇敢。他们被找到的时候，正在海上抵抗鲨鱼的袭击。”马尔科看着舒基的眼睛说道。

“鲨鱼？”玛里琳惊讶地问道。

“是的。这是鲸搁浅所带来的后果，应该让每个人都知道。被搁浅的鲸所吸引，成群的鲨鱼正在新西兰海岸附近徘徊。请广大市民不要乘坐不结实的船只冒险出海，一定要当心。这可能很危险。”

玛里琳又出现在屏幕前，对萨拉和马尔科的宝贵发言表示感谢，然后向观众们告别。

当萨穆埃莱起身要跑向萨拉和马尔科时，他注意到舒基仍然坐着，眼里含着泪水。她仍然沉浸在父亲刚才的话中，感到无比震撼和激动。

萨穆埃莱走到她的身边，把手放在她的肩膀上，轻轻地捏了一下。

“嘿，我们刚刚成为国民英雄了！”萨穆埃莱开着玩笑，想让她笑笑。

“还有秘密身份呢！”她回答道。

“这样更好……要知道，成了名人也是一件麻烦事儿呢！”

他们一起笑起来。舒基又变得如往常一样神采飞扬。

然后，舒基和萨穆埃莱跑向他们的父母。舒基冲过去抱住了半跪在她面前的马尔科，这样小女孩就可以把头埋在爸爸深色的鬈发里。

萨穆埃莱和萨拉则互相看着对方。妈妈的眼里含着泪水。

现在，该决定吃点什么了。也许城里最好吃的汉堡就是他们的最佳选择。

心愿达成

第二天，一大群人涌进了观察营。一些人是出于对到底发生了什么事的好奇，一些则是记者。有些人甚至从澳大利亚专程来听鲸与可疑船只的故事，但实际上每个人都对神秘的目击者更感兴趣。

乔吉看到这么多人到来，赶紧打电话联系她的帮手们，包括萨穆埃莱和舒基。

“我们得做帕夫洛娃蛋糕！”乔吉喊道。

“那是什么？”

“是一种甜品！以酥脆的蛋白酥为基底，外面裹着糖浆和奶油……”舒基回答道，“等着瞧吧，你一定会非常喜欢的。”

几秒钟后，萨穆埃莱腰间系着一条围裙，用一把巨大的搅拌器搅着奶油，舒基则将蛋白酥分成小份放在烤盘上。

乔吉周到地招待着所有人，指挥端着装满美味佳肴的

盘子的服务员为客人们提供服务。

与此同时，萨拉和马尔科回答了所有问题……当然，有关目击者的问题除外。

做完甜点以后，乔吉让孩子们陪她去酒窖，帮她整理一大堆空瓶子。他们花了很长时间才把瓶子整理好，确保它们不会掉下来。最后，当他们疲惫不堪地再次出现在阳光下时，客人们已经都走了。

萨拉朝他们走过来，说："谢谢你，乔吉……"

萨穆埃莱和舒基对视，疑惑地看向丰腴和蔼的乔吉。

"你是故意让我们忙了这半天的吗？"孩子们问道。

"不是……我只是需要你们宝贵的帮助而已！"乔吉一边笑着回答，一边走回厨房。

"那我们现在做什么？"萨穆埃莱问舒基，希望她有什么好主意。

他知道，现在已经弄清楚鲸身上发生的事情了，再过几天，他就要和妈妈回家了，他想尽可能地玩得开心。

"你们跟我来，"萨拉插话说，"我们有一件非常重要的事情要做。"

孩子们好奇地跟着她。也许他们会再次乘坐直升机，去某个疯狂的地方谈论他们的探险经历。

但是萨拉带他们去了公交车站。

"我们要去哪儿？"当公交车门在他们面前打开时，

他们终于忍不住问道。

“哪儿都不去！你们是不是没有付钱？”萨拉问。

萨穆埃莱发现原来是上次那位公交车司机，于是向妈妈点了点头。

萨拉向司机支付了他们之前没有付的车费，孩子们也为利用了司机的善良而真诚道歉。

“现在你们可以上车了！”萨拉出其不意地说道。

“所以我们真的要去一个地方！去哪里？”

萨穆埃莱非常兴奋。

“我不远万里带你来到新西兰，要是没看到鲸，怎么能带你回家呢，对吧？”

孩子们惊讶地张大了嘴巴。

“我们是要去发现鲸的那片沙滩吗？”他们半信半疑地问道。

“不，一艘船正在等着我们，我们将乘坐它到达目的地。如果幸运的话，我们可以看到不同种类的鲸。”

“太棒了！”

孩子们高兴极了。萨穆埃莱和舒基坐在公交车的最后一排讨论着，认为萨拉的这个想法实在是太棒了。一想到终于要见到那些巨大的生物——海洋秘密的真正守护者，萨穆埃莱不禁起了一身鸡皮疙瘩。

出海后，萨拉指向大海中一片深色的海域，告诉萨穆埃莱和舒基那儿有一群鲸。

“哪儿，妈妈？我什么也没看到！”

“数到三……”萨拉说道。

“一、二、三……”

萨穆埃莱还没来得及再说什么，一头鲸就浮上来，然后猛地一跃，完美展示了它优美的身姿。

“太漂亮啦！”舒基喊道。

“它在向我们打招呼吗，妈妈？”

“是的，以它自己的方式……”

“得了吧，妈妈，跟我说实话！”萨穆埃莱笑着对妈妈说。

“如果你非要知道的话……据说鲸跃出海面的原因之一是清理寄生在身上的藤壶……”

“那还是认为它是在向我们打招呼好了！”萨穆埃莱说道。

舒基大笑了起来。

美好的告别

离开营地的前一天，大家举办了一场聚会。乔吉又让孩子们帮她准备了很多好吃的。

营地向当地居民开放，还组织儿童和他们的家人参观了实验室。

萨拉和马尔科向大家讲述关于鲸的知识，比如它们不仅在水面上呼吸，而且在睡觉时只有一侧的大脑会处于休眠状态。

“这样，”萨拉解释说，“它们就永远不会完全睡着，在休息的同时还能够保持清醒，以便能够浮出水面呼吸。”

所有人都听得入迷了。

舒基也很高兴。

当人们散去，舒基和萨穆埃莱终于可以单独相处时，她才说：“我爸爸决定去美国找一份工作。”

“他会离开营地吗？”

“是的，但前提是找到接替他的人。”

“这样你们就可以住得更近了。你开心吗？”

“我非常开心。我想和爸爸妈妈在一起，而不是每次只有其中一人陪着我。”

萨穆埃莱看着朋友的眼睛，对她微笑着。舒基是对的。

晚些时候，好多客人在离开之前都对他们说“阿罗哈”。

“这是什么意思？”萨穆埃莱后来问道，以为那只是简单的道别。

马尔科回答说：“‘阿罗哈’这个词汇集了许多优秀的品质，例如礼貌、友善、和蔼、谦逊、坚韧……有的新西兰人会用它来道别。”

“这真是一个美好的词啊……”萨穆埃莱感叹道，在脑海中重复了千千万万遍，生怕忘记它。

第二天，舒基和马尔科陪着他们去了机场。要回家了，这次萨穆埃莱真的有很多可以跟爸爸和朋友们分享的故事。他迫不及待地想讲述他们遇到鲨鱼的探险经历，以及电视演播室里的工作是多么有意思。但与此同时，和舒基的分别让他感到难过，他真心希望能早点再次见到舒基，没准儿在美国！

于是，在登机之前，萨穆埃莱转身看着他们——马尔科正用一只手臂搂着舒基。

萨穆埃莱举起手与他们告别。

“阿罗哈！”

“妈妈，你能给我讲讲那两只拯救了美国阿拉斯加州一个城市的雪橇犬巴尔托和托戈的故事吗？”

“当然，亲爱的。这座城市名叫诺姆。1925 年，这座城市暴发了白喉疫情，这是一种可怕的疾病。有一天，在一场仪式上，一个孩子开始咳嗽，不久之后，那天在场的所有人都开始出现奇怪的症状，例如呼吸困难、无法站立……医生立即明白发生了什么，就想让人送来能治疗这种疾病的药品。但是，在阿拉斯加，尤其是在冬天，从一个城镇到另一个城镇，哪怕只有几千米的路程，也是一项艰巨的任务，更何况诺姆还特别偏僻。于是，他们组织了一次空运，希望能尽快收到药品。可是，他们真的运气很不好，偏偏就在那时来了一场暴风雪，飞机无法起飞。不仅如此，大海结冰，连船只也无法航行。这时，有人提出了一个想法：为什么不用狗拉雪橇呢？或许只有它们才能拯救诺姆的人们。

“雪橇出发了，雪橇犬们勇敢地面对恶劣天气，不辞辛苦地运送能拯救许多人生命的重要药品。这两只雪橇犬的名字分别是巴尔托和托戈，它们是真正的英雄。”

“这是一个很棒的故事，妈妈。”

“当然，亲爱的。这个故事时刻提醒着我们，我们确实拯救过动物，但有时动物也会拯救我们……”